I0462256

My Name Is:

www.ingramcontent.com/pod-product-compliance
Lightning Source LLC
Chambersburg PA
CBHW080941170526
45158CB00008B/2330
* 9 7 8 1 0 7 7 4 9 6 5 7 6 *